EXTRAIT
DES MEMOIRES
DE
L'ACADEMIE ROYALE
DES SCIENCES.
ANNÉE M. DCCXXIV. *Page 227.*

INSTRUCTION ABREGE'E,
ET METHODE
POUR
LE JAUGEAGE DES NAVIRES;

Avec un Exemple figuré, & des Remarques
pour la Pratique.

Par M. DE MAIRAN.

L'ACADEMIE ayant été chargée en 1720, par ordre de S. A. R. M. le Regent, & sur la demande de S. A. S. M. le Comte de Touloufe Amiral de France, Chef du Confeil de Marine, de déterminer une Methode pour le jaugeage des Navires, ou d'examiner entre celles qui font connuës, quelle

30 Août
1724.

A

étoit la plus sûre & la plus utile pour la pratique ; & ayant reçû à cette occasion plusieurs Memoires & Piéces instructives, avec les Methodes pratiquées jusqu'ici dans les differents Ports du Royaume, & chés les Etrangers, elle nomma pour cet examen deux Commissaires, qui furent M. *Varignon*, & moi. Après diverses recherches sur ce sujet, nous rendîmes compte à la Compagnie de notre travail par deux Memoires, qui ont été imprimés dans le Volume de 1721. Comme nos Methodes se trouverent differentes, quoi-que fondées sur les mêmes principes, il fallut en faire des épreuves, pour voir quelle étoit la plus commode, & la plus exacte dans la pratique. Celle de M. *Varignon*, toute entiére de lui, est assûrement très belle, & n'a rien qui ne soit digne de ce grand Geometre. La mienne cependant eut le bonheur d'être préférée, tant en conséquence de l'essai qui en fut fait avec beaucoup d'exactitude au Port du Croisic par M. *Bouguer* Hydrographe du Roy, qu'à cause de son extreme facilité, & qu'elle ne supposoit dans sa théorie que des principes qui sont à la portée de la pluspart des Jaugeurs. C'est à quoi sur-tout j'avois fait attention avant que de l'adopter, & en éxaminant celles qui nous avoient été communiquées ; toûjours plus porté à choisir entre ce qui étoit déja connu ou pratiqué sur ce sujet, qu'à me fier à mes propres idées. Aussi ne fais-je aucune difficulté d'avoüer que le fonds de ma Methode appartient à M. *Hocquart* Commissaire de la Marine & fils de M. *Hocquart* alors Intendant à Toulon. Il la communiqua au Conseil de Marine le 25 Juillet 1717, & je la trouvai parmi les Piéces que le Conseil nous avoit fait remettre. Elle me parut avoir toutes les qualités que je cherchois, à quelques circonstances près, que je changeai ou rectifiai de la maniére qu'on a pû voir dans le Memoire de 1721, & qu'on verra dans celui-ci. M. *Varignon* étant mort en 1722, l'Académie me donna M. *de Lagny* pour adjoint à sa place. En 1723 M. le Comte de Touloufe ayant demandé à l'Académie le résultat de l'éxamen qui lui avoit été confié sur ce sujet, je proposai d'aller auparavant faire moi-même dans les Ports de Bordeaux, & d'Agde de nouvelles épreuves, tant de la Methode que j'avois choisie, que de plusieurs autres qui nous avoient été communiquées au commencement, & pendant le cours de ce travail. Je partis dans le mois de Juin. Ces épreuves furent faites & repetées avec soin par moi-même, par des Jaugeurs, & par des Matelots, sous l'autorité de S. A. S. M. le Comte de Toulouse, & par le moyen des ordres qu'il avoit donnés aux Officiers de l'Amirauté de me fournir tout ce qui étoit necessaire à ce dessein. Peu de temps après mon retour à Paris, vers le commencement de 1724, ayant rassemblé tout ce que j'avois pû acquerir de nouvelles lumiéres sur le jaugeage des Navires, je fûs confirmé dans le jugement que j'avois d'abord porté de la Methode dont il s'agit : elle me parut de plus en plus concilier la justesse, la clarté & la facilité necessaires pour la pratique, autant que le pouvoit permettre la nature du sujet. J'en rendis compte à l'Academie, de vive voix. Mais S. A. S. M. l'Amiral m'ayant fait l'honneur de me marquer par une de ses Lettres du 31 Juillet 1724, & fait dire par M. *de Valincourt*, qu'elle avoit été informée par les Officiers de l'Amirauté de Bordeaux de tout ce que j'avois fait pour le jaugeage, & qu'elle souhaitoit que je misse sous une forme plus courte, plus décisive, & plus à la portée des Jaugeurs ordinaires, la Methode préférée, & décrite dans les Memoires de 1721. Je me déterminai enfin à la rédiger sous la forme qu'on va voir ici. Je la communiquai d'abord après à M. *de Lagny*, & je la lûs ensuite à l'Academie, dans l'Assemblée du 30 Août 1724. J'ai crû ce petit préliminaire historique necessaire, pour faire voir que la lenteur de l'Academie dans l'affaire du Jaugeage, ne vient d'aucune negligence de sa part, & ne doit être attribuée qu'à la circonspection, & aux soins avec lesquels cette Compagnie, & ceux qu'elle commet à quelque éxamen important, tâchent de répondre à la confiance que l'on a en leurs lumiéres.

PRINCIPES.

I.

Un Navire qui fort du Chantier, étant lancé & mis à la Mer, s'y enfonce jufqu'à une certaine hauteur, & déplace par fon enfoncement autant pefant d'eau qu'il péfe lui-même.

I I.

Le poids dont on chargera ce Navire, le fera enfoncer de nouveau, & lui fera déplacer encore autant pefant d'eau que péfe fa charge.

I I I.

Il ne s'agit donc que de connoître le poids, ou, ce qui reviendra au même, le volume de l'eau déplacée par le fecond enfoncement, pour fçavoir quel eft le poids de la charge du Navire.

I V.

Le volume d'eau déplacé par la charge, eft égal au folide compris entre la coupe horifontale du Navire à fleur d'eau, lorfqu'il n'eft point chargé, & la coupe horifontale à fleur d'eau, lorfqu'il eft chargé.

V.

Un Navire eft cenfé fuffifamment chargé, quand il a calé à près d'un pied au deffous de la Ligne du Fort ou de fa plus grande largeur.

V I.

Le folide compris entre les deux coupes horifontales, fçavoir, de la Ligne à fleur d'eau, lorfque le Vaiffeau n'eft point chargé (que j'appellerai *Ligne d'eau*) & de la Ligne à fleur d'eau, lorfque le vaiffeau eft chargé (que j'appellerai *Ligne du Fort*) fera donc le volume qu'on cherche par le jaugeage.

R É G L E.

Il faut réduire les deux coupes ou furfaces en pieds quarrés, les ajoûter, & multiplier la moitié de leur fomme par la perpendiculaire comprife entr'elles, & qui détermine leur diftance.

Le produit qui en viendra fera égal à la quantité de pieds cubes d'eau que contient le solide qu'on cherche, lequel étant multiplié par 72, donnera le nombre de livres qui font la charge du Navire.

EXEMPLE.

Soit *ABCD* le Vaisseau à jauger, *GH* la Ligne d'eau, *EF* la Ligne du Fort, *SYXVTuxyS* la surface à fleur d'eau en dehors des bordages, représentée par la ligne ou profil *GH* ; *RPNO lionpR* la surface représentée par la ligne ou profil *EF* ; & *er* la perpendiculaire qui détermine la distance de ces deux surfaces & l'épaisseur du solide *EGHFE*. Fig. 1.

Ayant réduit ces deux surfaces en pieds quarrés, & trouvé que la première vaut, par exemple, 2238 pieds, la seconde 3087 $\frac{1}{3}$, & qu'elles sont éloignées de 7 pieds de longueur l'une de l'autre, il faut les ajoûter, ce qui fait 5325 $\frac{1}{3}$, en prendre la moitié, qui est 2662 $\frac{2}{3}$, & multiplier cette moitié par la distance *er* de 7 pieds ; ce qui donne 18638 $\frac{2}{3}$ pieds cubes & le volume du solide compris entre la Ligne d'eau & la Ligne du Fort. Enfin multipliant les pieds cubes d'eau, 18638 $\frac{2}{3}$, par 72, ce qui fait 1341984, on aura en livres ce même solide & la veritable valeur de la charge du Navire.

Si l'on veut l'exprimer en Tonneaux, il n'y a qu'à diviser 1341984 par 2000, & l'on trouvera que le Bâtiment qui a été pris ici pour exemple, est de 671 Tonneaux à $\frac{1}{125}$ près, c'est-à-dire de 670 $\frac{124}{125}$ Tonneaux.

EXEMPLE FIGURÉ,

Ou Modelle de Pratique de l'Exemple précédent.

1. Pour avoir la coupe de la Ligne d'eau, prenés-en la longueur *ST*, depuis l'Etrave jusqu'à l'Etambot inclusivement. Supposons-la, par exemple, de 116 $\frac{1}{2}$ pieds.

2. Divisés cette longueur en quatre parties ; sçavoir, deux, *MQ* & *ML*, de part & d'autre du Maître Bau, ou de l'endroit le plus large du Navire, jusqu'aux façons de l'Avant & de l'Arriére ; & deux depuis les points *Q* & *L*, vis-à-vis des

quels commencent les façons, jufqu'à l'Etrave *S*, & l'Etambot *T*, inclufivement.

     Soient *MQ*, de . . . . 30 pieds.
ML, de . . . . 30.
QS, de . . . . 23.
LT, de . . . . 33 ½.

3. Prenés les trois differentes largeurs du Vaiffeau vis-à-vis
les points *M, Q, L*, fçavoir en *Xx, Yy*, & *Vu*.

     Soient *Xx*, de . . . . 28 pieds.
Yy, de . . . . 24.
Vu, de . . . . 24.

4. Couchés ces dimenfions fur le papier, & faites-en un
devis, & une figure, qui, quelque groffiére qu'elle foit, vous
foulagera dans le calcul. Il en réfultera 4 Trapezes, *MXYQ,
MxyQ, MXVL, MxuL*; & 4 Triangles *QYS, QyS,
LVT, LuT*.

5. Pour avoir l'aire du Trapeze *MXYQ*, ajoûtés *MX*,
qui vaut 14, à *QY*, qui eft de 12; la fomme fera 26. Par-
tagés-la par la moitié, qui eft 13, & multipliés 13 par la
longueur *MQ*, qui vaut 30. Le produit 390, qui en viendra, vous donnera l'aire du Trapeze *MXYQ*, en pieds quarrés.
Et comme le Trapeze *MXVL*, de l'arriére, fe trouve avoir
les mêmes dimenfions, & que les deux *MxyQ, MxuL*, qui
font de l'autre côté de la Quille, doivent être cenfés égaux
aux précédents, on trouvera

MXYQ, de . . . . , . . . 390 pieds qu.
MXVL, de . . . . 390.
MxyQ, de . . . . , . . . 390.
MxuL, de . . . . 390.

6. Pour avoir l'aire des Triangles, multipliés les côtés qui
comprennent l'angle droit l'un par l'autre. Par exemple, *QS*,
qui vaut 23, par *QY*, qui vaut 12; le produit 276 étant

partagé par la moitié, donnera l'aire du Triangle QYS,
de . . . . 138. p. qu.

Et parce que QyS, qui est de l'autre côté
de la Quille, lui est égal, il sera aussi de . . . 138.
On trouvera de même LVT, de . . . . . 201.
Et LuT, encore de . . . . 201.

7. Il faut ajoûter les 4 Trapezes, & ces
4 Triangles, ce qui fait en tout . . . . . 2238 p. qu.

C'est la valeur de la surface ou coupe de la Ligne d'eau
$SYVTxS$.

8. Prenés les dimensions de la coupe à la Ligne du Fort
de la même maniére, & aux mêmes endroits. Vous trouverés
sa longueur, par exemple, de . . . . . . 121 $\frac{1}{2}$ pieds.

Et cette longueur divisée en quatre parties aux mêmes
endroits que celle de la Ligne d'eau, donnera, par exemple,

MQ, de . . . . 30 pieds.
ML, de . . . . 30.
QR, de . . . . 25 $\frac{1}{2}$.
LK, de . . . . 36.

La largeur Nn de . . . . 30.
Pp, de . . . . 28 $\frac{2}{3}$.
Oo, de . . . . 28 $\frac{2}{3}$.
Et la largeur Ii, de la Poupe, de . . . . . . 18.

Vous aurés par-là 6 Trapezes, sçavoir 2, $MNPQ$, $MnpQ$,
entre le Maître Bau & les façons de l'Avant, 2, $MNOL$,
$MnoL$, entre le Maître Bau & les façons de l'Arriére, & 2,
$LOIK$, $LoiK$, depuis le commencement des façons de l'Arriére
jusqu'à la Poupe. De plus, 2 Trilignes QPR, QpR, depuis
le commencement des façons de l'Avant jusqu'à la Prouë.

9. On trouvera l'aire des Trapezes en pieds quarrés, comme ci-dessus art. 5. sçavoir,

MNPQ, de . . . . 440 p. qu.
MnpQ, de . . . . 440.
MNOL, de . . . . 440.
MnoL, de . . . . 440.
LOIK, de . . . . 420.
LoiK, de . . . . 420.

10. A l'égard du Triligne de l'Avant, *QPR*, formé par les deux droites *QP*, *QR*, & par la courbe *PR*; pour en avoir l'aire, multipliés les côtés rectilignes *QP* ($14\frac{1}{3}$), & *QR* ($25\frac{1}{2}$) l'un par l'autre, & prenés-en les $\frac{2}{3}$; ce qui se fait en multipliant le produit des côtés par 2, & divisant par 3, vous trouverés *QPR*, de . . . . $243\frac{2}{3}$.
Et de même, *QpR*, de . . . . $243\frac{2}{3}$.

11. Somme totale des 6 Trapezes, & des 2 Trilignes. . . . . $3087\frac{1}{3}$ p. qu.

C'est la valeur de la surface ou coupe à la Ligne du Fort *RNIinR*.

12. Prenés la hauteur perpendiculaire ou la distance de la Ligne d'eau *GH*, à la Ligne du fort *EF*, qui sera, par exemple, *er*, de . . . . 7 pieds.

13. Ajoûtés les surfaces totales *SXTxS*, de la Ligne d'eau, & *RNIinR*, de la Ligne du Fort, qui ont été trouvées *(art. 7. & 11.)* l'une de 2238, l'autre de $3087\frac{1}{3}$. Ce qui donne la somme . . . . $5325\frac{1}{3}$ p. qu. Prenés-en la moitié, ci . . . . $2662\frac{2}{3}$.

Et multipliés cette moitié par la hauteur ou distance *er*, qui a été trouvée de 7 pieds. Le produit vous donnera en pieds cubes, la valeur . . . . $18638\frac{2}{3}$ p. cub. qui sera celle du solide *EGHFE*, que l'on cherchoit.

14. Enfin multipliés ce nombre de pieds cubes d'eau par 72, & vous aurés . . . . 1341984 livres. Ou, divisant par 2000 . . . . . 670$\frac{124}{125}$ Tonneaux, c'est-à-

c'eft-à-dire, à $\frac{1}{125}$ près, 671 Tonneaux, qui font la charge du Navire, & tout ce qu'il falloit trouver.

Deuxiéme Pratique, plus courte que la précédente.

Prenés les dimenfions comme ci-deffus *(art. 2. & 8.)* mais au lieu de prendre les largeurs entiéres *(art. 3. & 8.)* n'en prenés que la moitié *MX, MN,* &c. vous aurés par-là les demi-coupes *STVXY,* de la Ligne d'eau, & *RKIONP,* de la Ligne du Fort, dont vous trouverés l'aire par parties, comme ci-deffus, art. 5 & 6, 9 & 10. Ajoûtant enfuite ces deux furfaces, & multipliant la fomme par la diftance *er,* vous trouverés la même charge.

Troifiéme Pratique, encore plus abregée.

Ne mefurés, comme dans la précédente, que la moitié des largeurs, & ne confiderés d'abord que la moitié de chaque coupe. Mais en cherchant l'aire des Trapezes, multipliés la longueur de chacun fur la Quille, par la fomme de fes côtés paralleles élevés perpendiculairement fur cette longueur : de même en cherchant l'aire des Triangles, multipliés leurs côtés perpendiculaires l'un par l'autre, fans partager enfuite par la moitié le produit qui en vient. Et à l'égard du Triligne de l'Avant *(art. 10.)* prenés les $\frac{4}{3}$ du produit de fes côtés rectilignes *QP, QR,* en le multipliant par 4, & divifant par 3. Vous aurés par-là des doubles valeurs de chacune de ces parties, & par conféquent les furfaces entiéres de la Ligne d'eau, & de la Ligne du fort. Multipliés enfuite la moitié de leur fomme par la hauteur *er,* comme dans la premiére maniére *(art. 13.)* & vous trouverés la même charge du Navire.

Quatriéme Pratique, qui abrege toutes les précédentes.

Enfin on peut encore abreger les Pratiques ci-deffus, en ne prenant, au lieu des coupes, ou des demi-coupes, à fleur d'eau, & à la Ligne du fort, que la coupe ou la demi-coupe moyenne entre ces deux, & qui répond au milieu de leur diftance ou de la hauteur *er,* du folide d'eau déplacé par la charge; ce qui pourra être commode en plufieurs occafions, & qui ne s'éloignera pas fenfiblement de la veritable moyenne arithmétique entre les deux coupes horifontales.

Maniére de mefurer la diftance e r des deux coupes horifontales , & de prendre les largeurs du Navire de dehors en dehors.

Nous fuppofons *(art. 1. 2. 3. 8. & 12. du Modelle de Pratique)* que les Jaugeurs prennent les dimenfions du Bâtiment avec foin, de la maniére la plus fûre, & qui leur fera la plus familiére. Il faut feulement qu'ils fe fouviennent, lorfqu'ils mefurent le Vaiffeau par le dedans, d'y ajoûter toûjours les épaiffeurs. Car toute cette jauge eft fondée fur le déplacement d'eau fait par la furface exterieure du Navire. Mais je ne fçaurois me difpenfer de mettre ici , & de confeiller une methode dont je me fuis fervi, pour avoir immédiatement la hauteur perpendiculaire *e r* du folide d'eau, & les largeurs du Vaiffeau de dehors en dehors, & qui a été déja éprouvée plufieurs fois avec facilité, & avec fuccès par des Jaugeurs ordinaires.

Fig. 2.

Prenés une petite corde *p b d s ,* aux extremités de laquelle foient attachés deux plombs, *p , s.* Portés-la fur le Pont *t c ,* & difpofés-la de façon, qu'elle foit étenduë à peu-près à angles droits fur la Quille, & qu'étant foûtenuë en deux points, *b , & d,* fes parties *b p, d s,* rafent les côtés du vaiffeau en *e, f,* où l'on fuppofe fa plus grande largeur, pendant que l'un de fes plombs, *p,* s'enfonce dans l'eau *k s i u,* & que l'autre, *s,* en touche feulement la fuperficie. La corde étant arrêtée dans cette fituation, ce qui fera aifé par le moyen de quelque bâton fourchu qui la foûtienne en *b,* & en *d,* on mefurera *b d,* qui donnera la largeur du Vaiffeau à la Ligne du Fort *e f.* Les diftances *g k, s h,* depuis la corde, ou le plomb, jufqu'aux bordages, étant ôtées de la largeur *b d,* donneront la largeur à la Ligne d'eau, *g h ;* & la hauteur *e k,* ou *f s,* déterminera l'épaiffeur du folide d'eau déplacé par la charge du Navire, ou

la diftance des coupes à fleur d'eau , & à la Ligne du Fort.
On repetera cette operation à tous les endroits où l'on vou-
dra prendre la largeur du Navire reprefentée en general par
la coupe laterale *tfqec.*

On ne prendra que *a b,* ou *a d,* moitié de *db ,* lorfqu'on
fe fervira de la feconde ou de la troifiéme Pratique ci-deffus.

Maniére d'abreger le Mefurage, & fes réductions en pieds cubiques d'eau , & en Tonneaux.

Les Jaugeurs de Tonneaux de vin fe fervent d'une Ba-
guette ou *Jauge* proprement dite, divifée en plufieurs parties,
qui répondent à un certain nombre de pots, qu'elles indi-
quent pour le Tonneau qui a telles ou telles dimenfions. De
forte qu'après avoir pris, par exemple, la longueur du Tonneau , & fon diametre à l'un des fonds , ou feulement la diftance du bondon jufqu'à l'angle oppofé que fait le fond avec les
douves, ils fçavent très promptement ce qu'il contient de pots
de liqueur. On pourroit faire à leur imitation une *Toife* ou
Verge-Marine pour les Navires , qui donnât tout d'un coup,
& fans réduction leur port en Tonneaux, après en avoir pris
les dimenfions avec cette Toife, comme il a été enfeigné ci-
deffus avec la Toife ordinaire du Châtelet. J'ai calculé que la
Toife ou Verge-Marine ayant de longueur 6 pieds 8 $\frac{1}{3}$ lignes
de celle du Châtelet , elle détermineroit , à une très petite
fraction de ligne près, le côté d'un cube de 8 Tonneaux ou
de 16000 livres pefant d'eau, à raifon de 72 livres pour chaque pied cubique. Par conféquent la demi-Toife-Marine, ou
3 pieds 4 $\frac{1}{10}$ lignes, donneroit le Tonneau cubique, chacun
de fes pieds la 27me partie du Tonneau , chaque pouce la
46656me partie, &c. Ces valeurs, & fur-tout celles qui répondent à un nombre précis de Tonneaux, ou de parties ali-
quotes de Tonneau, étant marquées fur la Toife-Marine, fon
ufage feroit d'autant plus utile, que tout Jaugeur un peu in-
telligent pourroit s'en fervir fans perdre jamais de vûë la raifon de ce qu'il fait, en diminuant extremement le calcul, &

B ij

le nombre des operations ordinaires, qui font autant d'occafions d'erreur. On auroit aufîi pour plus de commodité, des
Tables de réduction toutes dreffées, foit en parties decimales,
ou en telle autre fubdivifion, qui feroit la plus commode pour
la perception des droits en conféquence du port des Navires.
C'eft à quoi je donnerai volontiers mes foins, fi l'on fait quelque Réglement fur cette matiére.

Remarques *fur les Pratiques précédentes.*

I. Quoi-que l'énoncé de la troifiéme Pratique la faffe pa-
roître plus longue que la feconde, en ce qu'il faut prendre la
moitié de la fomme des deux furfaces, ce qui fe trouve tout
fait dans l'autre, elle eft néantmoins réellement plus courte :
parce qu'elle difpenfe de partager en deux parties égales la
fomme des côtés paralleles de chacun des Trapezes, & auffi
de prendre la moitié du produit des côtés de l'Angle Droit
des Triangles, comme on fait dans la feconde. De forte que
l'operation que la troifiéme maniére exige de plus eft unique,
au lieu que celle qu'elle épargne, & qui fe trouve dans la feconde, doit être répétée autant de fois qu'il y a de Trapezes,
& de Triangles dans la moitié de chacune des coupes. La
troifiéme Pratique me paroît encore préférable, en ce que don-
nant les furfaces entiéres, & partageant leur fomme par la
moitié, elle a une analogie plus marquée avec la Régle & les
Principes ; ce qui eft d'une très grande importance fur ces
matiéres, où l'on ne fçauroit trop s'attacher à operer de maniére que l'on voye toûjours ce que l'on fait. C'eft pour cela
que tout bien compté, la premiére Pratique, quoi-que la plus
longue, eft la meilleure, du moins pour les Jaugeurs qui commencent, & pour tous ceux qui ne font pas actuellement dans
un grand exercice de la jauge.

II. La maniére dont on a pris l'aire des Trapezes *(art. 5. 9.)*
eft fondée fur ce qu'ils ont tous, deux côtés paralleles perpendiculaires au plan vertical qui paffe par la Quille du Vaiffeau, ou à la ligne qui détermine la longueur des coupes. Car
on fçait par les premiers Elements de la Geometrie-pratique,

que l'aire de telles figures eſt égale au produit de la moitié de la ſomme de leurs côtés paralleles multipliée par le côté qui leur eſt perpendiculaire. Le calcul des Triangles *(num. 6.)* eſt auſſi fondé ſur ce qu'ils ont un angle Droit compris entre la ligne qui fait partie de la longueur de la coupe, & la ligne qui détermine la moitié de ſa largeur. Ainſi les Jaugeurs doivent tâcher, autant qu'il leur ſera poſſible, de prendre les largeurs du Navire perpendiculairement à la Quille ou au plan vertical qui paſſeroit par la Quille. Cette attention ne fait pas une difficulté particuliére à cette jauge, elle doit être commune à toutes les maniéres de jauger qu'on a eu juſqu'ici dans le Royaume.

III. Le Triligne QPR, eſt preſque toûjours très approchant de la moitié d'une figure curviligne que les Geometres appellent une *Parabole*. Et parce que l'aire de cette figure eſt égale aux deux tiers du rectangle de ſes côtés rectilignes QP, QR, & que l'operation par laquelle on prend ces deux tiers eſt très aiſée, on l'a adoptée préférablement à toute autre. Cependant ſi des Jaugeurs intelligents trouvent par l'inſpection du Navire propoſé, que ſes façons à l'Avant ne rendent pas bien la figure Parabolique QPR, dont le ſommet eſt en P, & qu'ils veüillent avoir l'aire de cette partie de la coupe à la Ligne du Fort conformément à la maniére dont ils ont eu les autres, ils n'auront qu'à prendre une dimenſion de plus, az: & par ce moyen ils diviſeront QPR, en un Trapeze $QazP$, & en un Triangle, ou approchant, azR, dont ils trouveront l'aire comme ci-deſſus, *num. 5. & 6.* Ils pourront en uſer de même, & prendre la largeur du Navire en plus d'endroits que nous n'en avons indiqués, lorſqu'ils jugeront que les courbures de l'Avant, & de l'Arriére des Navires à jauger ſeroient trop grandes pour être regardées comme des Triangles rectilignes, étant rapportées aux coupes horiſontales. Mais les dimenſions précédentes ſuffiront pour l'ordinaire, & ne ſçauroient donner que des erreurs peu conſiderables. Ces erreurs même, s'il y en a, ſe trouveront toûjours à l'avantage du Navire, qui eſt ce à quoi l'on a fait grande attention, en établiſſant la Régle.

Fig. 1.

IV. On a fuppofé ici que le bâtiment *ABCD (Fig. 1.)* étoit à Poupe quarrée, afin de donner l'exemple fur ce qu'il y avoit de plus fimple & de plus ordinaire, fur-tout pour les Bâtiments de charge, & les plus fujets à la jauge. Quand il s'en trouvera à Cul rond, tels que font les Flûtes, Flibots, ou Pinques, il faudra ajoûter à la coupe de la Ligne du Fort, ou à fa moitié, la partie *b IK,* qui conftituë cette rondeur, & en prendre l'aire comme d'un Triangle, fi elle n'en differe pas bien fenfiblement, ou comme on a fait du Triligne de l'Avant, & ainfi qu'il eft enfeigné dans l'art. 10. de la Pratique, ou dans la Remarque précédente.

V. A l'égard des Vaiffeaux pleins, dans les cas où l'on fe trouvera obligé de les jauger, on pourra y employer la Methode dont je viens de donner les Regles, & la Pratique. Ce fera encore, à tout prendre, la moins fautive de toutes celles que je connois, fans parler de l'uniformité que l'on confervera par-là, & qui eft ici de grande importance. Je dis la moins fautive; car il ne faut point fe flatter qu'on puiffe jamais avoir bien jufte le port d'un Vaiffeau chargé, puifqu'on peut à peine arriver à cette juteffe dans le jaugeage des Vaiffeaux vuides. La dimenfion la plus difficile à prendre fur les Vaiffeaux pleins, par notre Methode, eft celle qui détermine la diftance des deux coupes horifontales : parce que la Ligne d'eau fe trouvant alors fous l'eau, on ne peut juger qu'à peu-près, & par la Tonture & l'Eftive du Vaiffeau, de la diftance de cette coupe à celle de la Ligne du Fort. Mais l'experience & l'habileté du Jaugeur y pourront fuppléer. C'eft en partie dans cette vûë que j'ai ajoûté à la Pratique fondamentale de l'Exemple figuré, plufieurs pratiques differentes, qui ne s'écartent point de la Regle & de la Methode, & qui pourront fournir dans l'occafion differents moyens de prendre les dimenfions du Navire, felon les circonftances, & felon l'arrangement, la quantité, ou la nature des marchandifes dont il fera chargé.

Ceux qui fouhaiteront s'inftruire plus amplement fur la matiére du Jaugeage, pourront avoir recours aux Memoires de l'Academie

de l'année 1721 p. 76. Ils y trouveront les raisons de la préfé-
rence qu'on a donné à la Methode dont il s'agit ici, une Explication
des principes qui en font le fondement, fes avantages, & le degré
de justesse qu'on en peut raisonnablement esperer.

Du reste il ne conviendroit pas dans cet abregé, de répondre à
quelques objections qu'on m'a faites depuis fur cette Methode. Je
dirai seulement que j'y ai eu égard, & que fi ceux qui font au fait
du Jaugeage veulent y faire attention, ils verront bien-tôt que la
plufpart de ces objections roulent fur des inconvenients communs à
toutes les Methodes, ou inévitables, ou tels enfin qu'on ne fçauroit
les éviter, fans tomber dans des inconvenients encore pires.

EXTRAIT DES REGISTRES
de l'Academie Royale des Sciences.

Du 28 Juillet 1725.

SON Altesse Serenissime Monseigneur le Comte de Touloufe Amiral de France, & Monsieur le Comte de Maurepas Secretaire d'Etat de la Marine, ayant demandé à l'Academie fon dernier avis fur le Jaugeage des Vaiffeaux, matiére fur laquelle des Commiffaires nommés par elle avoient déja travaillé à diverfes reprifes il y a cinq ans, par l'ordre de feu Monseigneur le Duc d'Orleans, à qui le Confeil de Marine & Monfieur l'Amiral l'avoient demandé; la Compagnie a déclaré qu'après avoir vû ce qu'avoient fait fes Commiffaires fur plufieurs Memoires & Piéces inftructives, qui lui avoient été envoyées avec les Methodes pratiquées jufqu'ici pour le Jaugeage dans les differents Ports du Royaume, & chés les Etrangers, elle adoptoit le travail fait par Mr de Mairan, l'un defdits Commiffaires, qui avoit rectifié une Methode dont le fonds étoit de M.^r

Hocquart Commiſſaire de la Marine, que cette Pratique ayant été éprouvée par M.ʳ Bouguer Hidrographe du Roy au Port du Croiſic, qui l'avoit trouvée d'une juſteſſe bien au de-là de celle que demandent les Ordonnances, & très commode, & enſuite par M.ʳ de Mairan qui àvoit été exprès pour la verifier, & la comparer avec pluſieurs autres qui lui avoient été communiquées, dans les Ports de Bordeaux & d'Agde, elle ne doutoit point que tout conſideré, cette Pratique, telle que M.ʳ de Mairan l'a donnée le 30 Août 1724, pour être inſerée dans les Regiſtres, ne fût auſſi juſte, auſſi claire & auſſi facile qu'on le peut deſirer. En foi de quoi j'ai ſigné le preſent Certificat. A Paris ce 23 Août 1725.

FONTENELLE,

Secr. perp. de l'Ac. Roy. des Sc.

A PARIS, DE L'IMPRIMERIE ROYALE. 1726.

Mem. de l'Acad. 1724. Pl. 17. pag. 240.
Fig. 1. 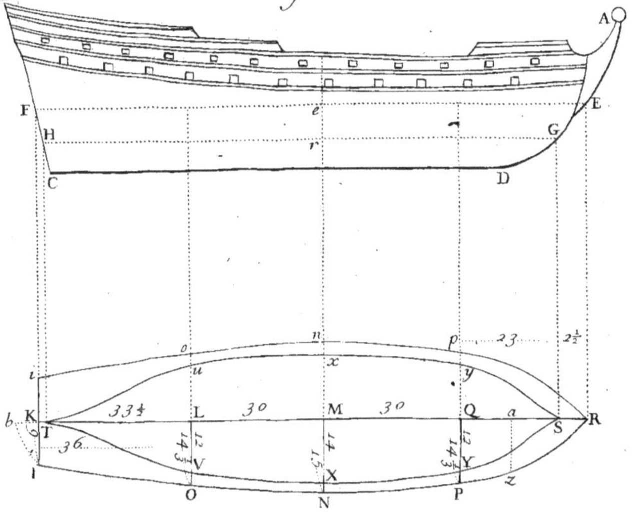
B
A
F
e
E
H
r
G
C
D
o
n
p
23
2½
i
u
x
y
b
K
33¼
L
30
M
30
Q
a
R
T
S
36
V
X
Y
O
N
P
z
Fig. 2. 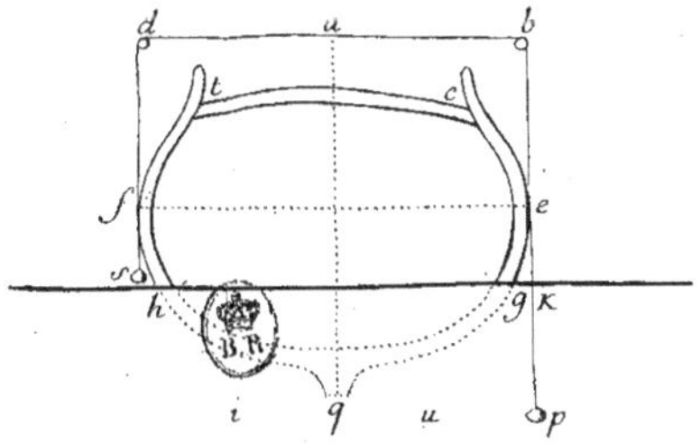
d
u
b
t
c
f
e
h
B.B.
g
K
i
q
u
p